MATHEVASION

Exercices et Travaux Pratiques de
Mathématiques
Seconde, Premières, Terminales

Scénarios : Philippe de Sablet, certifié de Mathématiques,
professeur au Lycée Français de Los Angeles

Dessins **:** Alexandre Benac,
ancien élève de l'école d'art graphique de Genève

Couverture **:** Jean-François Miaule,
directeur du centre culturel du Lycée Français de Los Angeles

Published by : MATHEVASION
P.O. Box 4986
Culver City, California 90230 USA

Copyright © 1997 by Philippe de Sablet
First edition 1997
Printed in the United States of America by BookCrafters
ISBN 0-9652357-0-X

Références

Page 2 et page 36, College Mathematics for Management, Life and Social Sciences by Raymond A. Barnett and Michael Ziegler, © 1984. Adapté avec l'autorisation des éditions Prentice-Hall inc.

Page 7, Martin Gardner's New Mathematical Diversions from Scientific American by Martin Gardner, The University of Chicago Press, © 1966 by Martin Gardner.
Adapté avec l'autorisation de Mr Martin Gardner.

Page 20, MATH Seconde, de MM. Terracher et Ferachoglou, collection Terracher, © 1994 Hachette Livre.
Adapté avec l'autorisation des éditions Hachette Livre.

Les graphiques de MetaStock reproduits dans ce livre, sont publiés avec l'autorisation de :
Equis International, Inc., 3950 South 700 East, Suite 100, Salt Lake City, UT 84107, USA.
Tel.:1-800-882-3040 ou 801-265-88-86, Fax 801-265-3999,
http://www.equis.com.

Nous remerçions bien sincèrement Monsieur **Martin Gardner,** les éditions **Prentice-Hall** et les éditions **Hachette-Livre** pour nous avoir aimablement permis d'utiliser certains de leurs exercices ainsi que la société **Equis International** pour la reproduction des graphiques du programme Metastock.

Table des Matières

Introduction

Voilà un livre pour les jeunes de 15 à 95 ans ! Il allie l'histoire à la fiction, l'humour à l'esprit de recherche, et bien sûr l'utile à l'agréable.

Composé de près de cinquante histoires en bandes dessinées, chacune présente un thème de Mathématiques faisant partie du programme des classes de Seconde, Premières ou Terminales : une grande partie du contenu d'algèbre, d'analyse, de probabilités et de géométrie de ces classes est ainsi couverte, à des degrés de difficulté variés.

Cet ouvrage peut servir aux étudiants en Mathématiques (de tout âge) qui veulent découvrir de nouvelles notions par eux-mêmes, ou qui veulent approfondir leurs connaissances et savoir -faire dans des situations qu'ils n'ont probablement jamais rencontrées. Il répondra certainement aux questions que beaucoup ont l'air de se poser :

" Pourquoi étudier les Maths? A quoi servent elles ? "

Il peut aussi fournir aux professeurs un excellent outil de travail. J'ai, dans mes classes de Première et de Terminale, utilisé certaines bandes dessinées comme activités préliminaires à un nouveau chapitre, et d'autres comme devoirs à faire à la maison. Dans tous les cas, les élèves reçoivent leur tâche avec plus d'enthousiasme que d'habitude et plus grande est leur motivation à rechercher des solutions aux problèmes. En particulier, les séquences intitulées "le javelot" et "le retour du javelot" offrent une approche rapide et efficace des notions de dérivée pour la première et de primitives et calcul d'aires pour la seconde, notions essentielles dans le programme d'analyse de lycée.

Un seul prérequis à la lecture de ce qui suit : un esprit ouvert à la découverte de l'histoire des Mathématiques, ou de ce qui pourrait faire son histoire. En fait, si vous ne le possédez pas encore, ouvrez ce livre, et vous serez surpris : il était seulement caché...

S. Rousse, agrégée de Mathématiques
Professeur au Lycée Français de Los Angeles
Los Angeles, le 30 octobre 1996

Au Bistro

QUESTION SUPPLÉMENTAIRE : ET SI AU COMPTOIR ILS AVAIENT COMMANDÉ 4 LIMONADES ET 6 SODAS POUR UN TOTAL DE 35 F ? INTERPRÉTEZ GÉOMÉTRIQUEMENT CES DEUX SITUATIONS.

A l'usine

L'USINE DE MONSIEUR CHEAP FABRIQUE DES BATEAUX GONFLABLES EN PLASTIQUE.

3 TYPES DE BATEAUX Y SONT FABRIQUÉS : MONOPLACE, BIPLACE, TRIPLACE.

CHAQUE BATEAU PASSE PAR 3 ETAPES : DÉCOUPAGE, ASSEMBLAGE, EMBALLAGE.

LE TABLEAU CI-DESSOUS INDIQUE LES TEMPS EN HEURES NECESSAIRES AUX 3 STADES DE FABRICATION ET POUR CHAQUE TYPE DE BATEAU.

	1 MONOPLACE	2 BIPLACE	3 TRIPLACE
DÉCOUPAGE	0,6 h	1 h	1,5 h
ASSEMBLAGE	0,6 h	0,9 h	1,2 h
EMBALLAGE	0,2 h	0,3 h	0,5 h

DE PLUS UN NOMBRE D'HEURES MAXIMUM EST ALLOUÉ A CHAQUE DEPARTEMENT : 380 HEURES AU DÉCOUPAGE 330 HEURES À L'ASSEMBLAGE ET 120 HEURES POUR L'EMBALLAGE.

COMBIEN DE BATEAUX DE CHAQUE TYPE DOIVENT ÊTRE CONSTRUITS POUR QUE L'USINE TOURNE À PLEIN RENDEMENT ?

La boum

APPELLONS x LE NOMBRE DE JUS DE FRUITS VENDUS ET y CELUI DES GATEAUX. LE REVENU EST DONNÉ PAR UNE FONCTION. $R(x,y)$.

TRAÇONS LA DROITE $R(x,y) = 1000$

COLORIONS EN ROUGE LA PARTIE DU PLAN CORRESPONDANT A UNE PERTE EN VERT LA PARTIE DU PLAN CORRESPONDANT A UN PROFIT.

QUELLES SONT LES SOLUTIONS DE L'INÉQUATION $R(x,y) \geqslant 1000$?

Encore à l'usine

MONSIEUR CHEAP A RACHETÉ UNE USINE D'ÉLECTRONIQUE

LE COUT DE FABRICATION D'UN TÉLÉVISEUR Y EST DE 200F ET DE 100F POUR UN MAGNÉTOPHONE. 100 OUVRIERS Y TRAVAILLENT.

IL FAUT 5 H POUR FABRIQUER UN MAGNÉTOPHONE ET 6 H POUR UNE TÉLÉVISION

MON PROFIT SUR LA VENTE D'UN MAGNÉTOPHONE EST DE 150F, ET DE 300F POUR UNE TELEVISION.

L'USINE PEUT FABRIQUER UN MAXIMUM DE 600 MAGNETOPHONES ET 450 TELEVISEURS. DE PLUS, UN OUVRIER NE PEUT TRAVAILLER PLUS DE 39 HEURES PAR SEMAINE ET LE CAPITAL HEBDOMADAIRE EST DE 100 000F

COMBIEN DE MAGNÉTOPHONES ET DE TELEVISIONS M.CHEAP DOIT-IL FABRIQUER PAR SEMAINE POUR AVOIR UN PROFIT MAXIMUM?

Droites et spéculation

Chart from Metastock from Equis International inc.

La charte ci-dessus représente le prix hebdomadaire de l'action SANIFIL de 1990 à 1996. L'axe des ordonnées est gradué selon une échelle semi-logarithmique (une distance donnée représente toujours le même pourçentage et non la même quantité de dollars comme sur une échelle arithmétique). Par exemple, la distance de $1 à $2 est égale à la distance de $5 à $10 ou de $50 à $100 puisque dans les trois cas, le prix augmente de 100%.

Lorsque le prix forme des fonds et des pics de plus en plus hauts (mi-92 à 1996), on dira que le "trend" est montant. Dans le cas contraire (pics et fonds de plus en plus bas), on dira que le "trend" est descendant (mi-91 à mi-92).

Une "trendline" est une droite qui relie au moins deux fonds quand le trend est montant (droites L1, L3, L4), et qui relie au moins deux pics quand le trend est descendant (droite L2). Le prix a tendance à repartir dans le sens de la trendline juste aprés l'avoir touchée (A, B, C, D sur L2 ou E, F, G sur L3).

Durant l'été 1991, la trendline L1 est brisée vers le bas (flèche 1), ce qui signale la fin ou tout au moins une pause dans la montée précédente. On assiste alors à une dégringolade de $30 (point A) à $9 (point D') le long de la trendline L2. La rupture de celle-ci (flèche 2) vers mi-92 signale la fin de la descente confirmée par le prix qui après un fond au dessus du précédent (D'), passe au dessus du pic D. Depuis, le prix de SANIFIL grimpe régulièrement en suivant la trendline L3 et a même accéléré sur L4 dont la pente est encore plus abrupte.

L'échelle du prix étant semi- logarithmique, ces droites représentent en réalité des fonctions exponentielles. Ainsi, la droite L3 a une pente de 30%. Un investisseur qui aurait acheté début 93 (point E) est assuré d'un intérêt de 30% par an au minimum , tant qu'elle restera intacte.

Si cet investisseur avait placé $10000, quel serait son capital début 96? En combien de temps aura t-il triplé?

Théorème du point fixe

LUNDI AU LEVER DU SOLEIL LE LAMA **LOBSANG** COMMENCE SON ASCENSION VERS LE TEMPLE.

AU COUCHER DU SOLEIL IL ARRIVE AU TEMPLE

LÀ IL MEDITE PENDANT 3 JOURS

ET REPART AU LEVER DU SOLEIL PAR LE MÊME SENTIER

ARE KRISHNA

IL EXISTE UN POINT DU SENTIER PAR LEQUEL LE LAMA PASSERA À LA MÊME HEURE À L'ALLER ET AU RETOUR PROUVEZ-LE !

les ponts de königsberg

KÖNIGSBERG XVIII SIÈCLE DEUX ÎLES SONT RELIÉES ENTRE ELLES ET AUX RIVES **A** ET **C** PAR **7** PONTS.

DEPUIS DES SIÈCLES, LES HABITANTS SE DEMANDENT S'IL EST POSSIBLE DE TRAVERSER LES **7** PONTS EXACTEMENT UNE FOIS, AU COURS D'UNE PROMENADE.

EN 1736 ARRIVE LEONARD EULER MATHÉMATICIEN DU TSAR, À QUI ON POSE LE PROBLÈME :

M. EULER ! EST-CE POSSIBLE ?

D'APRÉS VOUS, C'EST POSSIBLE ?

POSSIBLE LA TRAVERSÉE DES 7 PONTS ?

APRÉS QUELQUES TEMPS...

C'EST IMPOSSIBLE !

EN VOICI D'AILLEURS LA PREUVE !

MAIS EXPLIQUEZ-MOI LA RÉPONSE D'EULER.

CE PROBLÈME EST À L'ORIGINE DE LA THEORIE DES RESEAUX QUI S'APPLIQUE A LA DETERMINATION DES RESEAUX ELECTRIQUES OU DE TELECOMMUNICATION AINSI QU'A DES PROBLÈMES ÉCONOMIQUES.

John fait fortune

JOHN EST UN ÉTUDIANT SÉRIEUX QUI VEUT GAGNER DE L'ARGENT DE POCHE.

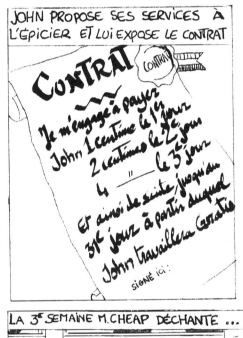

JOHN PROPOSE SES SERVICES À L'ÉPICIER ET LUI EXPOSE LE CONTRAT

BONNE AFFAIRE...

SIGNEZ LÀ !

LA 3ᵉ SEMAINE M. CHEAP DÉCHANTE ...

CE GAMIN ME COÛTE CHER, VIVEMENT LA FIN DU MOIS QU'IL DÉCAMPE.

MAIS AVANT LA FIN DU MOIS M. CHEAP NE PEUT PLUS PAYER JOHN, QUI EST DEVENU PROPRIÉTAIRE.

ME FAIRE TRAVAILLER À MON ÂGE...

Le Nombre d'or

EN 1509 LE MOINE LUCA PACIOLI PUBLIE **DIVINA PROPORTIONE**, LIVRE DANS LEQUEL IL DÉVOILE LA SCIENCE PYTHAGORICIENNE BASÉE SUR LE NOMBRE D'OR NOUS SOMMES DONC ALLÉS FILMER CE HEROS DES MATHÉMATIQUES

LE NOMBRE D'OR SE RETROUVE DANS DE NOMBREUX PHÉNOMÈNES NATURELS DANS LA PEINTURE, L'ARCHITECTURE, LA POÉSIE, LA MUSIQUE OU L'ECONOMIE.

POUR LE TROUVER CONSIDÉRONS UN RECTANGLE ABCD DE LARGEUR $AD = \ell$ ET DE LONGUEUR $AB = L$. ON CONSTRUIT LE CARRÉ **AFED** DE CÔTÉ ℓ. ON OBTIENT UN RECTANGLE **FBCE** DE LONGUEUR $BC = \ell$ DE LARGEUR $EC = L - \ell$.

SI LES DIMENSIONS DU RECTANGLE ABCD SONT PROPORTIONNELLES A CELLES DU RECTANGLE FBCE, ALORS ABCD EST UN RECTANGLE D'OR ET RECIPROQUEMENT.

J'AIMERAIS VOUS POSER UNE QUESTION, A VOUS CHLOÉ ET À NOS AMIS QUI REGARDENT L'ÉMISSION!...SACHANT QUE ABCD EST D'OR ...EUH!... CALCULEZ LE **RAPPORT** $\frac{L}{\ell}$.

ON TROUVE 2 SOLUTIONS, $\Phi_1 > 0$ ET $\Phi_2 < 0$?

OUI MON ENFANT... MAIS UNE SEULE SOLUTION EST POSSIBLE, LAQUELLE ?

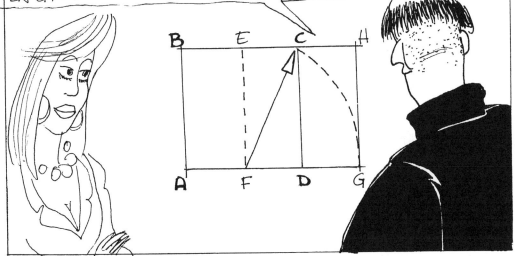

MONTREZ QUE ABHG EST UN RECTANGLE D'OR. C'EST À DIRE QUE $\frac{AG}{AB} = \Phi_1$. POUR SIMPLIFIER ON POSERA AB = AD = 1

C'ÉTAIT MA DERNIÈRE QUESTION... NOUS ALLONS NOUS QUITTER LES AMIS SI CHLOÉ N'A PAS ENCORE D'AUTRES QUESTIONS ?

TROUVERAIT-ON LE NOMBRE D'OR AVEC UNE ROSE SAUVAGE, PAR EXEMPLE ?...

SES 5 PÉTALES FORMENT UN PENTAGONE PARFAIT ABCDE. CALCULEZ LE RAPPORT $\frac{AC}{AB}$...

ON REFERME CETTE PAGE D'HISTOIRE SUR PACIOLI ET SON XVIE SIÈCLE, MAIS SI LE NOMBRE D'OR ET SES APPLICATIONS VOUS PASSIONNENT, JE VOUS INVITE À SUIVRE LES EXPÉRIENCES DE FIBONACCI ET SES LAPINS.

Les lapins de Fibonacci

LÉONARD DE PISE DIT FIBONACCI NAQUIT VERS 1180 IL FUT UN DES PLUS GRANDS MATHÉMATICIENS DE CETTE ÉPOQUE

DANS SON LIVRE : LE "LIBER ABACI" APPARAÎT UNE SUITE DE NOMBRES A LAQUELLE ON DONNA LE NOM DE SUITE FIBONACCI

CETTE SUITE SE RETROUVE DANS DE NOMBREUX PHÉNOMÈNES NATURELS ET EN PARTICULIER, DANS LE PROCESSUS DE REPRODUCTION DES LAPINS.

UN 1er COUPLE A LA 1er GÉNÉRATION DONNE NAISSANCE A UN COUPLE A LA GÉNÉRATION SUIVANTE, PUIS A UN COUPLE A LA 3e GÉNÉRATION. DE MÊME QUE LE COUPLE DE LA 2e GÉNÉRATION DONNE NAISSANCE A UN COUPLE A LA 3e GÉNÉRATION PUIS A UN AUTRE ET AINSI DE SUITE...

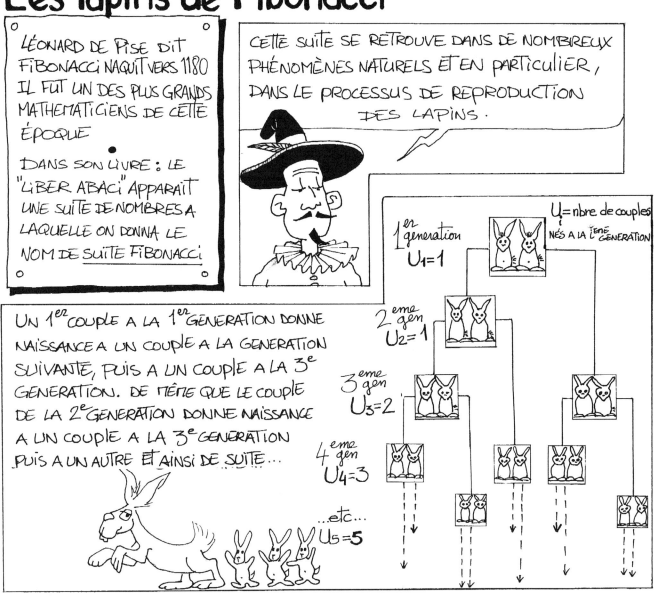

1er génération $U_1 = 1$

U_i = nbre de couples nés à la i^{ème} génération

2ème gén $U_2 = 1$

3ème gén $U_3 = 2$

4ème gén $U_4 = 3$

...etc... $U_5 = 5$

LE PROBLÈME EST DE TROUVER COMBIEN, IL Y AURA DE LAPINS NÉS A LA 24e GÉNÉRATION

OK ! NO PROBLEMO C'EST FASTOCHE !

SOIT $\Phi_1 = \frac{1+\sqrt{5}}{2}$ ET $\Phi_2 = \frac{1-\sqrt{5}}{2}$ LES RACINES DU TRINÔME D'OR : $x^2 - x - 1 = 0$ - (Φ_1 ÉTANT LE NOMBRE D'OR.)

OUAIS COOL

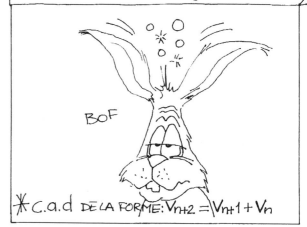

MONTRER QUE LA SUITE GÉOMÉTRIQUE DE 1ER TERME $V_0 = 1$ ET DE RAISON Φ EST UNE SUITE DE FIBONACCI, ($\Phi = \Phi_1$ OU $\Phi = \Phi_2$)

BOF

* C.A.D DE LA FORME : $V_{n+2} = V_{n+1} + V_n$

EN DÉDUIRE QUE LES SUITES DE TERME GÉNÉRAL : $U_n = a\,\Phi_1^{n-1} + b\,\Phi_2^{n-1}$ SONT DE FIBONACCI (OÙ a ET b SONT DES CONSTANTES). INVERSEMENT SI (U_n) EST UNE SUITE DE FIBONACCI TELLE QUE $U_0 = U_1 = 1$. PEUT-ON L'ÉCRIRE SOUS LA FORME $U_n = a\,\Phi_1^{n-1} + b\,\Phi_2^{n-1}$? ... (DÉTERMINER a ET b)

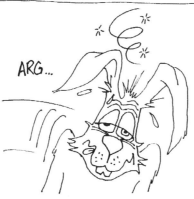

ARG...

EN DÉDUIRE, LE NOMBRE DE LAPINS NÉS A LA 24e GÉNÉRATION, ET DÉTERMINEZ LA LIMITE DE LA SUITE $\left(\frac{U_{n+1}}{U_n}\right)$.

CLAK

14

Fibonacci et IBM

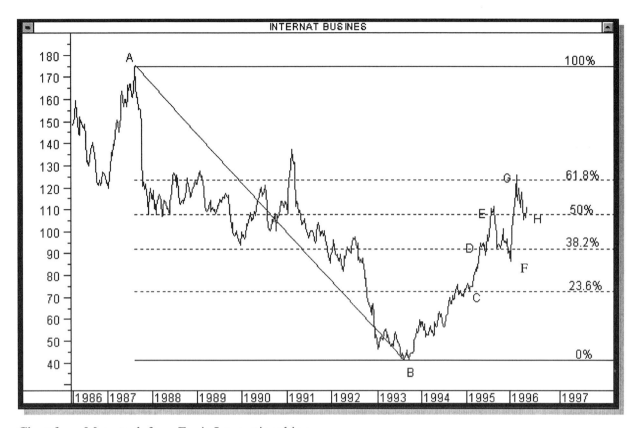

Chart from Metastock from Equis International inc.

Après une montée ou une descente importante, le prix repart souvent dans la direction opposée et retrace un large pourçentage du mouvement initial. Durant cette "réaction", les niveaux de "résistance" ou de "support" se trouvent à 23.6%, 38.2%, 50%, 61.8% et 100% comme indiqué sur cette charte représentant le prix du titre IBM depuis 1986.

D'octobre 87 (point A) à juillet 93 (point B), IBM est descendu de $175 à $40 d'où son prix est remonté à $123 (+61,8%) avec des arrêts ou des hésitations à chaque niveau de résistance de Fibonacci avant de repartir vers le niveau superieur (en C et D) ou bien est repoussé par les forces de l'offre (les vendeurs) vers le niveau inferieur (en E et G) où la pression de la demande (les acheteurs) parvient à arrêter la descente (en F et H).

Si (Un) est le terme général de la suite de Fibonacci, montrez que les suites : (Un / Un+1), (Un/ Un+2) et (Un / Un+3) ont pour limites approchées : 0.618, 0.382 et 0.236 respectivement. (Le niveau 50% correspondant au rapport du second et du troisième terme de la suite de Fibonacci).

GARDER LE CAP

La maison de M.Cheap

J'AI LA CHANCE D'AVOIR HÉRITÉ DES TERRAINS DE MON ONCLE.

J'AIMERAIS CONSTRUIRE UNE MAISON CARRÉE PQRS

TERRAIN DE M.CHEAP

FIDÈLE A SA RÉPUTATION, M.CHEAP PRÉFÈRE TRAVAILLER SANS L'AIDE DE PERSONNE...

MA MAISON CARRÉE TELLE QUE P SOIT UN POINT DE [BC]; Q UN POINT DE [AB] R UN POINT DE [AC]; S UN POINT DE [BC]

CHAP! IV LA GÉOMÉTRIE POUR TOUS

JE POURRAI JAMAIS CONSTRUIRE LA MAISON DE MES RÊVES... BOU HOU HOU

BONJOUR MADAME L'EXPERT EN MATH !

ALLO M.CHEAP !! ÇA N'A PAS L'AIR D'ALLER ? VOUS AVEZ DES ENNUIS ?

OUI! J'AIMERAIS CONSTRUIRE UNE MAISON CARRÉE SUR UN TERRAIN TRIANGULAIRE.

MAIS C'EST TRÈS SIMPLE IL SUFFIT DE TRACER...

SNIF

POURRIEZ-VOUS AUSSI TROUVER UNE SOLUTION POUR M.CHEAP ?

La tête et les pieds (le secret de Nadine)

MAIS AU JEU QUI CONSISTE A ATTEINDRE UN ARBRE B...

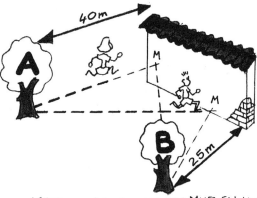

APRES AVOIR TOUCHE UN MUR EN UN POINT QUELCONQUE M, EN PARTANT DE L'ARBRE A ...

Où construire le Pont

SUR LA PLANÈTE POTATOE, LES HABITANTS DOIVENT SE RENDRE À MARKET-CITY, Y VENDRE LEURS PRODUITS

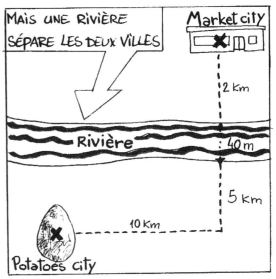

MAIS UNE RIVIÈRE SÉPARE LES DEUX VILLES

Market city

2 Km

Rivière : 40 m

5 Km

10 Km

Potatoes city

ARRIVÉ À LA RIVIÈRE, IL Y A SOUVENT DES ACCIDENTS

AU SECOURS!

PENDANT CE TEMPS À LA MAIRIE...

IL FAUT FAIRE QUELQUE CHOSE POUR LA POPULATION, OU NOUS PERDRONS AUX PROCHAINES ÉLECTIONS...

MAIS QUOI!

J'AI UNE IDÉE!

CONSTRUISONS UN PONT SUR LA RIVIÈRE, AU POINT OÙ LE TRAJET POTATOE-CITY MARKET-CITY EST MINIMUM.

QUELLE BONNE IDÉE!

A VOUS D'AIDER NOS AMIS DE LA PLANETE POTATOE. NOUS NOUS CHARGERONS DE LEUR TRANSMETTRE VOTRE SOLUTION.

19

Miel de pommier

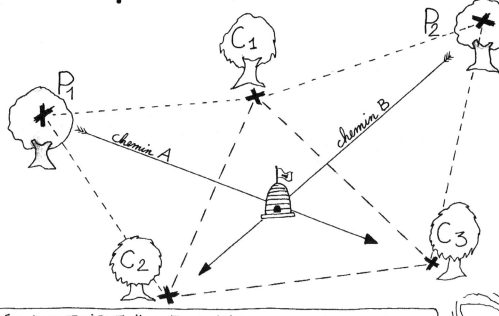

AU JARDIN BOTANIQUE IL Y A 3 CERISIERS ROSES QUI FORMENT LE TRIANGLE $C_1 C_2 C_3$; ET DE CHAQUE CÔTÉ UN POMMIER QUI DÉLIMITENT DEUX TRIANGLES ÉQUILATERAUX : $P_1 C_2 C_1$ ET $C_1 P_2 C_3$. LE CHEMIN "A" VA DE P_1 À C_3 ET LE CHEMIN "B" DE P_2 À C_2. RENDEZ-MOI UN PETIT SERVICE, DITES-MOI LEQUEL DE CES DEUX CHEMINS EST LE PLUS COURT ?

DURE DURE BOULOT...

ET SI VOUS AIDIEZ, CETTE PAUVRE ABEILLE, PENDANT QUE JE ME REPOSE ?

ALEXANDRE BENAC

Tétraédric Mountain

Jack et Joe, deux redoutables bandits se sont donnés rendez-vous au point K pour partager leur butin. Mais c'était sans compter avec Pete, le shérif...

Cette fois mes lascars vous n'échapperez pas au vieux Pete ! Ha ha

PAN

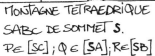

Montagne tetraédrique SABC de sommet S.
$P \in [SC]$; $Q \in [SA]$; $R \in [SB]$

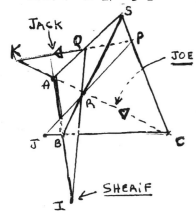

JACK
JOE
SHERIF

Rendez-vous point **K**, tu prends la piste (PQ) qui descend la montagne, moi je suis la piste (AC) !...

OK ! Joe

Rosita, suis la direction (IJ), et on arrivera en ligne droite à leur rendez-vous.

Prouvez que I,J,K sont alignés !

Pourriez-vous m'expliquer ce qui est arrivé ?

Et, si on s'évadait en creusant, chef ?

Vas-y commence !

21

Voler en sécurité

UN PILOTE NOUS PARLE DE SÉCURITÉ :
L'ÉQUILIBRE D'UN AVION DÉPEND DE LA RÉPARTITION DU POIDS...

LE CENTRE DE GRAVITÉ DOIT SE SITUER DANS UNE CERTAINE ZONE, SI L'ON VEUT VOLER EN TOUTE SÉCURITÉ. JE VAIS VOUS LE PROUVER...

VRROOAA

AVEC UN CENTRAGE TROP ARRIÈRE IL M'EST IMPOSSIBLE DE FAIRE DESCENDRE L'APPAREIL

ET AVEC UN CENTRAGE AVANT...

POUR ÉVITER LES BOBOS... IL FAUT DONC VÉRIFIER AVANT UN VOL, SI LE CENTRE DE GRAVITÉ SE TROUVE BIEN DANS LA ZONE DE SÉCURITÉ GRÂCE À LA FICHE DE PESÉE ci-CONTRE...

FICHE DE PESÉE

Eléments	Masse (Kg)	Bras de levier	Moments
Masse a vide **g**	549	0,333	183,21
Passager Cockpit **A**		0,41	
Passager arrière **B**		1,19	
Baggages **C**		1,9	
Essence (072 KG / Litre) **D**		1,12	
TOTAUX			

$$\frac{\text{total des moments}}{\text{total des masses}} = \boxed{}$$

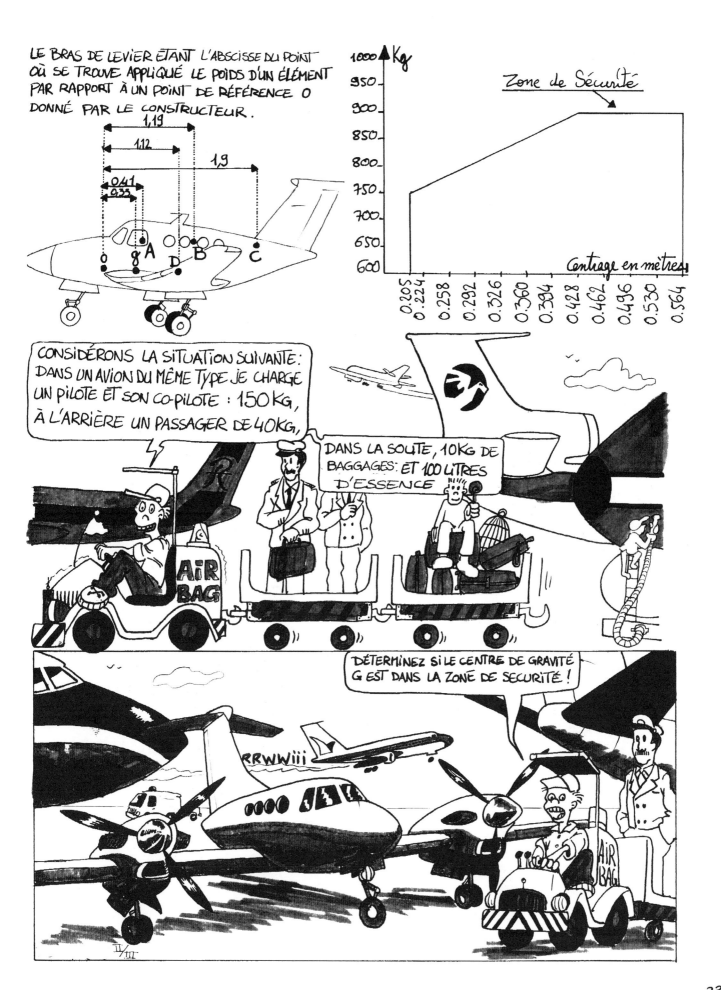

LE BRAS DE LEVIER ÉTANT L'ABSCISSE DU POINT OÙ SE TROUVE APPLIQUÉ LE POIDS D'UN ÉLÉMENT PAR RAPPORT À UN POINT DE RÉFÉRENCE O DONNÉ PAR LE CONSTRUCTEUR.

Zone de Sécurité

Centrage en mètres

CONSIDÉRONS LA SITUATION SUIVANTE: DANS UN AVION DU MÊME TYPE JE CHARGE UN PILOTE ET SON CO-PILOTE : 150 KG, À L'ARRIÈRE UN PASSAGER DE 40KG,

DANS LA SOUTE, 10KG DE BAGGAGES; ET 100 LITRES D'ESSENCE

DÉTERMINEZ SI LE CENTRE DE GRAVITÉ G EST DANS LA ZONE DE SECURITÉ !

RRWWiii

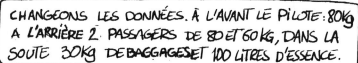

24

La Fourmi déménage

RAPPELONS QUE SI POUR TIRER UN OBJET SUR UN TRAJET AB, ON EXERCE UNE FORCE $\vec{F}$ FAISANT UN ANGLE ORIENTÉ α AVEC $\vec{AB}$, $\vec{F}$ PEUT SE DÉCOMPOSER EN 2 FORCES $\vec{f_1}$ ET $\vec{f_2}$ (SCHÉMA) TELLES QUE $\vec{F} = \vec{f_1} + \vec{f_2}$. LA FORCE QUI TRAVAILLE RÉELLEMENT POUR AMENER L'OBJET DE A À B EST DONC LA FORCE $\vec{f_1} = \vec{AH}$ - ET "LE TRAVAIL" DE LA FORCE $\vec{F}$ DE A À B EST ÉGAL A $\vec{AH} \times \vec{AB}$ C'EST À DIRE A : $\|\vec{F}\| \times \|\vec{AB}\| \times \cos\alpha$ OÙ α EST L'ANGLE ORIENTÉ $(\vec{AB}, \vec{F})$.

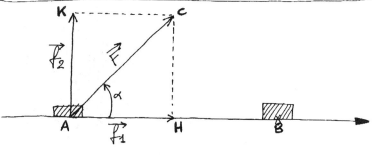

PENDANT QUE JE DÉMÉNAGE CALCULEZ-MOI LE TRAVAIL FOURNI POUR L'ARMOIRE : W_1 ; POUR LE LIT : W_2 ; ET MES PROVISIONS : W_3.

W_1 EST APPELÉ PRODUIT SCALAIRE DE $\vec{F_1}$ PAR $\vec{AB}$. ON LE NOTE : $\vec{F_1} \cdot \vec{AB}$ ET ON LIT "$\vec{F_1}$ SCALAIRE $\vec{AB}$".

OUI, BEN APPELEZ ÇA COMME VOUS VOULEZ, MOI J'AI ENCORE DU TRAVAIL !

FATIGUÉE, LA FOURMI N'A PAS TENU JUSQU'À L'HIVER ET C'EST SA COPINE LA CIGALE QUI LUI REND UN DERNIER HOMMAGE... MAIS Y A-T-IL UNE MORALE A CETTE HISTOIRE ?

LA CUCARACHA YA NO PUEDE CAMINAR

LE JAVELOT

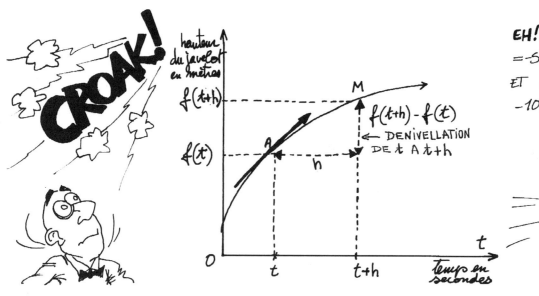

CROAK !

hauteur du javelot en mètres

$f(t+h)$

$f(t)$

M

$f(t+h) - f(t)$ ← DÉNIVELLATION DE t À $t+h$

h

O t $t+h$ t

temps en secondes

EH ! ENTRAÎNEUR : $f(t+h) = -5(t+h)^2 + 26(t+h) + 2$

ET $m(h) = -10t + 26 - 5h$.

GROAK !

oups...

PLUS h EST PROCHE DE 0 (MAIS TOUJOURS $\neq$ DE 0) PLUS $m(h)$ EST PROCHE DE LA VITESSE VERTICALE INSTANTANÉE DU JAVELOT À L'INSTANT t...

ET LOGIQUEMENT, LA LIMITE DE $m(h)$ QUAND h TEND VERS 0, DEVRAIT DONNER LE RÉSULTAT.

BELLE DÉMONSTRATION MATT... MAIS, C'EST MOI L'ENTRAÎNEUR ! ET TU VAS PRENDRE TON JAVELOT, ON REFAIT UN ESSAI

TOUT DE SUITE... ENTRAÎNEUR !

CETTE LIMITE (SI ELLE EXISTE), ON LA NOTERA : $f'(t)$, EST LE NOMBRE DÉRIVÉ DE LA FONCTION f EN t ET COMME VOUS POUVEZ CALCULER $f'(t)$ POUR N'IMPORTE QUELLE VALEUR DE t, ON DIRA QUE f EST DÉRIVABLE SUR $\mathbb{R}$. LA FONCTION f' EST APPELÉE FONCTION DÉRIVÉE DE LA FONCTION f.

II/IV

JE VISE...

JE COURS...

LA VITESSE MOYENNE ENTRE t ET $t+h$ EST EN FAIT LE COEFFICIENT DIRECTEUR DE LA SÉCANTE (AM) A LA COURBE $\mathscr{C}$ DE f. QUAND ON FAIT TENDRE h VERS O, M TEND À SE CONFONDRE...

ET JE LANCE...

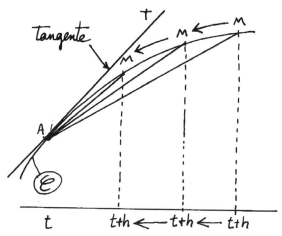

tangente

AVEC A ET À LA LIMITE (AM) DEVIENT LA TANGENTE (AT) EN A À $\mathscr{C}$, VOIR FIG...

FSSCLAF !

MAAAFT !!!

ATTENDS UN PEU QUE JE T'ATTRAPE !...

ET LA DÉRIVÉE DE f EN t EST LE COEFFICIENT DIRECTEUR DE LA TANGENTE (AT) À $\mathscr{C}$ EN A, NON ?

EFFECTIVEMENT, ALORS DONNE MOI UNE ÉQUATION DE LA TANGENTE À $\mathscr{C}$ EN $A(3, f(3))$?

PASSONS A UNE APPLICATION IMPORTANTE, QUAND TON JAVELOT MONTE, LA TANGENTE (AT) A DONC UN COEFFICIENT DIRECTEUR POSITIF ET QUAND IL REDESCEND LE COEFFICIENT DIRECTEUR EST NEGATIF.

PAR CONSEQUENT, AU SOMMET DE SA TRAJECTOIRE LE COEFFICIENT EST **NUL**.

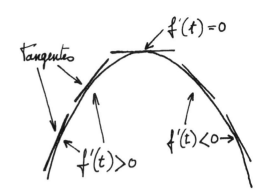

LE SIGNE DE LA DÉRIVÉE ME PERMET DONC DE CONNAÎTRE LE SENS DE VARIATION DE LA FONCTION f ET DONC LA HAUTEUR MAXIMUM ATTEINTE PAR LE JAVELOT !

MÊME LÉGÈREMENT HANDICAPÉ PAR BLESSURES JE VAIS FAIRE UN MEILLEUR LANCER QUE TOI !

MAIS AVANT, UNE DERNIERE QUESTION ?..... Y A-T-IL DES FONCTIONS QUI NE SONT PAS DERIVABLES EN UN POINT ? ENTRAÎNEUR !

BIEN SÛR, REGARDE CELLE-CI : $f(x) = |x^2 - 1|$. DÉMONTRE QU'ELLE N'EST PAS DÉRIVABLE EN $x_0 = 1$

UN BON SPRINT, COMME A MEXICO EN 1968...

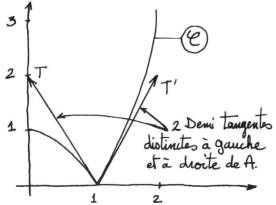

2 Demi tangentes distinctes à gauche et à droite de A.

UNE DETENTE COMME A........

CRACK

Le crash

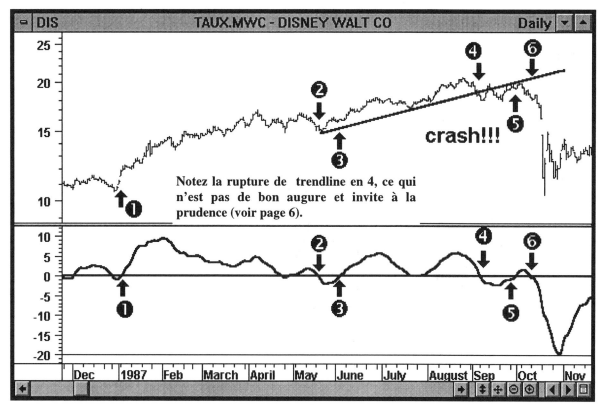

Chart from Metastock from Equis International inc.

La charte ci-dessus représente le prix de l'action Disney de décembre 86 à novembre 87. La courbe en dessous représente le taux d'accroissement sur 10 jours de la moyenne mobile sur 21 jours du prix (à la fermeture) de cette action, donné par la formule :

$T=100*(M0-M10) / M10$ où :   M0 est la moyenne mobile aujourd'hui.
M10 est la moyenne mobile d'il y a 10 jours.
La moyenne mobile sur 21 jours étant la moyenne du prix calculée sur les 21 derniers jours.

Comme pour le javelot, bien qu'avec des mouvements plus capricieux, ce taux mesure la vitesse du prix. Il indique que le mouvement est vers le haut lorsqu'il est positif et vers le bas lorsqu'il est négatif. Un signal d'achat est donné quand le taux passe du négatif au positif et un signal de vente est donné lorsqu'il passe du positif au négatif. Ces signaux sont indiqués par des flèches numérotées orientées vers le haut pour les achats (1, 3, 5) et vers le bas pour les ventes (2, 4, 6).

En suivant ces signaux, un investisseur aurait acheté le 6 janvier 87 à $12, vendu le 20 mai 87 à $15, racheté le 4 juin à $16, vendu le 9 septembre à $18, racheté le 1er octobre à $19.75 pour revendre le 12 octobre à $18.25, soit 7 jours avant la grande panique du 19 octobre 87 où le prix de DISNEY ferme à $11.5, évitant ainsi une perte de 42% de son capital!

Quel est le profit total réalisé par cet investisseur (en pourcentage du capital initial et sachant qu'il réinvestit ses profits)?
Comment interprétez vous un taux positif et décroissant? Négatif et croissant?

VALEURS APPROCHÉES

UNE SEMAINE PLUS TARD :

BONJOUR MATT, ILS M'ONT LAISSÉ SORTIR DE L'HÔPITAL. JE VAIS T'ENTRAÎNER AU LANCER DU MARTEAU.

LES RÈGLES DE TRAJECTOIRE RESTENT VRAIES POUR LE MARTEAU, COMME POUR LE JAVELOT PRÉCÉDEMMENT.

ON PEUT Y ALLER, PAS DE VENT

6 FOIS 8 : 36 JE RETRANCHE 4, JE MULTIPLIE PAR LA VITESSE DU VENT, RACINE DE COUSCOUS SUR COEFFICIENT DE MARÉE QUE JE DIVISE PAR LE COSINUS DE L'ÂGE DU CAPITAINE...

SI h EST PROCHE DE 0, ON PEUT CONSIDÉRER QU'ENTRE L'INSTANT t ET L'INSTANT $t+h$, LA VITESSE RESTE A PEU PRÉS ÉGALE A LA VITESSE **INSTANTANÉE** EN t SOIT : $f'(t)$!

MATT DÉMONTRE QUE $f(t+h)$ S'ÉCRIT :
$$f(t+h) = f(t) + hf'(t) + h\varphi(h) \quad (1)$$
OÙ φ EST UNE FONCTION TELLE QUE $\lim\limits_{h \to 0} \varphi(h) = 0 \dots$ $h\varphi(h)$ EST TON ERREUR D'APPROXIMATION DE $f(t+h)$. QUAND h EST PROCHE DE 0, $h\varphi(h)$ EST <u>NÉGLIGEABLE</u> DEVANT h.

ON EN DÉDUIT UNE VALEUR APPROCHÉE DE LA HAUTEUR DU MARTEAU A L'INSTANT $t+h$, ET ON FAIT COMME S'IL SUIVAIT SA TANGENTE A L'INSTANT t AU LIEU DE CONTINUER SUR SA TRAJECTOIRE. REGARDE ! COMME SUR MON SCHÉMA, MATT !

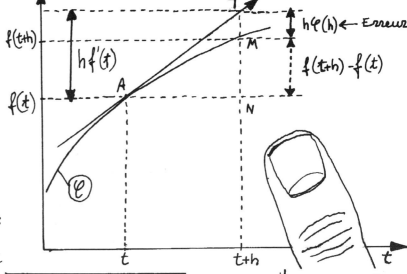

HUUUARK

TIENS JE VAIS VOIR AVEC 3,1 SECONDES !

IL A DISPARU DE MON RAYON VISUEL... J'AI BATTU UN RECORD.

CLONG!

LAISSE-MOI FAIRE, TU AS ENCORE BEAUCOUP A APPRENDRE !... L'ÉCRITURE (1) EST APPELÉE "DÉVELOPPEMENT LIMITÉ D'ORDRE 1" DE LA FONCTION f AU VOISINAGE DE t.

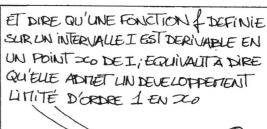

ET DIRE QU'UNE FONCTION f DÉFINIE SUR UN INTERVALLE I EST DÉRIVABLE EN UN POINT x_0 DE I ; ÉQUIVAUT À DIRE QU'ELLE ADMET UN DÉVELOPPEMENT LIMITÉ D'ORDRE 1 EN x_0

...OOOAAAAH ! CE QUE ÇA PÈSE !

EH !

AAAHHH !

FÉLIX TU ME DÉMONTRER CETTE ÉQUIVALENCE ? ET ME DONNER DES VALEURS APPROCHÉES DE $(1+h)^2$; $(1+h)^3$; $\frac{1}{1+h}$ ET $\sqrt{1+h}$ QUAND h EST PROCHE DE 0. EN UTILISANT LES FONCTIONS CORRESPONDANTES ?

BELLE TRAJECTOIRE HEIN !

SALADE VARIÉE

EN SOCIOLOGIE, ÉCOLOGIE, MÉDECINE... LES APPLICATIONS DE LA DÉRIVATION SONT MULTIPLES...

L'AIRE DU TERRITOIRE D'UN ANIMAL EN FONCTION DE SON POIDS P EST DONNÉE PAR : $T(P) = \sqrt{P^3}$ QUEL EST LE TAUX D'ACCROISSEMENT INSTANTANÉ DE L'AIRE DE CE TERRAIN EN FONCTION DE SON POIDS P. ?

KRRR

LA POPULATION D'UNE VILLE EN FONCTION DU TEMPS t (EN ANNÉES) EST : $P(t) = 10000 + 500\,t^2$ QUEL EST LE TAUX D'ACCROISSEMENT INSTANTANÉ EN FONCTION DU TEMPS t ? QUEL SERA CE TAUX, AU BOUT DE 10 ANS?

TOUT EST EN UN POINT

DÉRIVATION ET INVERSEMENT

LA PRESSION SANGUINE D'UN MALADE APRÈS AVOIR ABSORBÉ x cm³ D'UN MÉDICAMENT EST : $P(x) = 20 - \dfrac{x^2}{4}$ QUEL EST LE TAUX D'ACCROISSEMENT INSTANTANÉ DE LA PRESSION, EN FONCTION DE LA DOSE DE MÉDICAMENT ABSORBÉE ?

UNE SOCIÉTÉ ESTIME QU'ELLE VENDRA N UNITÉS D'UN PRODUIT, APRÈS AVOIR DÉPENSÉ x MILLIERS DE FRANCS EN PUBLICITÉ, OÙ : $N(x) = -x^2 + 450x + 3$. QUEL EST LE TAUX D'ACCROISSEMENT INSTANTANÉ DU NOMBRE D'UNITÉS VENDUES EN FONCTION DES DÉPENSES?

la derivabilité

Gagner plus et travailler moins

M.CHEAP POSSÈDE UN PARC DE 150 VOITURES, QU'IL LOUE À 20 DOLLARS LA JOURNÉE.

CET HOMME LOUE DES VOITURES À RENO DANS LE NEVADA

A CE TARIF JE LOUE TOUTES MES VOITURES.

M.CHEAP EST TRÉS AMBITIEUX, IL VEUT DEVENIR L'HOMME LE PLUS RICHE DU MONDE EN TRAVAILLANT MOINS.

A CHAQUE FOIS QUE J'AUGMENTE MES TARIFS DE \$1. JE LOUE 4 VOITURES DE MOINS.

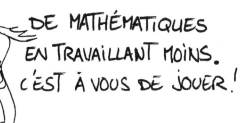

S'IL AVAIT QUELQUES NOTIONS IL POURRAIT GAGNER PLUS MAINTENANT LES AMIS ,   DE MATHÉMATIQUES EN TRAVAILLANT MOINS. C'EST À VOUS DE JOUER !

le revenu et le profit

GRÂCE AUX CONSEILS D'UN EXPERT, J'AI AUGMENTÉ MES PRIX, JE LOUE MOINS DE VOITURES, MAIS JE GAGNE PLUS...HÉHÉ!

BÉNÉFS

INDICE

MAIS M.CHEAP AVAIT OUBLIÉ DE PRÉCISER À SON EXPERT QUE...

GARAGE

L'ENTRETIEN D'UNE VOITURE LOUÉE COÛTE 2 $ PAR JOUR!

ZUT

CRAK

AVEC CETTE NOUVELLE DONNÉE, SI VOUS AUGMENTEZ VOS PRIX DE $ 19.5 VOTRE PROFIT SERA LE MÊME, ET LOUEREZ 78 VOITURES DE MOINS PAR CONTRE...SI VOUS

HÉHÉ

A COMBIEN DOIT-IL LOUER SES VOITURES POUR AVOIR UN PROFIT MAXIMAL ?

LA CHASSE A L'OURS

ON VOIT SUR CE GRAPHIQUE QUE SUIVANT LES VALEURS P, LA RECOLTE R(P) EST PLUS OU MOINS IMPORTANTE...

IL EXISTE DONC UN EFFECTIF P_0 QUI VOUS PERMETTRAIT DE RÉCOLTER CHAQUE ANNÉE UN MAXIMUM DE FOURRURES SANS RÉDUIRE LA POPULATION INITIALE P_0.

JE VOUS CONSEILLE DONC DE LAISSER LA POPULATION D'OURS S'ACCROÎTRE JUSQU'AU NIVEAU P_0 PENDANT QUELQUES ANNÉES...

SNIF SNIF

MAIS DE QUOI JE VAIS VIVRE, MOI ?

VOUS AVEZ BIEN ... QUELQUES ECONOMIES !

ALLONS, ALLONS !! A VOTRE RETOUR DANS 3 ANS VOUS POURREZ ALORS RECOLTER CHAQUE ANNÉE LE MONTANT MAXIMUM $f(P_0)-P_0$ DE FOURRURES.

SOUFFLEZ !

ALORS, JE VOUS DEMANDE L'EFFECTIF IDÉAL P_0 QUI PERMETTRAIT À M. CHEAP DE S'ENRICHIR AU MAXIMUM ET AUSSI L'EFFECTIF DE LA POPULATION À L'ARRIVÉE DE L'EXPERT ?...

La boite de chocolat

NADINE VEUT OFFRIR UNE BOÎTE DE CHOCOLAT POUR L'ANNIVERSAIRE DE SA GRAND-MERE.

J'AI LES CHOCOLATS MAIS LA BOÎTE JE VAIS DEVOIR LA CONSTRUIRE.

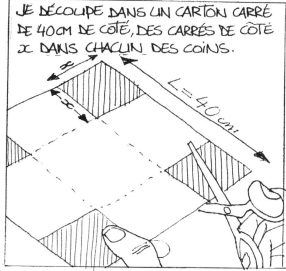

JE DÉCOUPE DANS UN CARTON CARRÉ DE 40 CM DE CÔTÉ, DES CARRÉS DE CÔTÉ x DANS CHACUN DES COINS.

$L = 40$ cm

JE REPLIE SUIVANT LES POINTILLÉS ET J'OBTIENS UNE BOÎTE PARALLELIPEDIQUE.

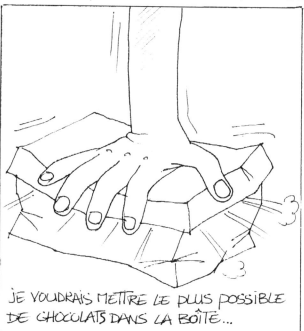

JE VOUDRAIS METTRE LE PLUS POSSIBLE DE CHOCOLATS DANS LA BOÎTE...

IL VAUDRAIT MIEUX CHERCHER LA VALEUR DE x QUI ME DONNERA UN VOLUME MAXIMUM $V(x)$

LE VOL DES PIGEONS

TOUS LES MATINS, ALFRED LE PIGEON LIVRE LE COURRIER A L'ÎLE DES DAUPHINS, À 4 KM.

ALEXANDRE BENAC

ÉTRANGEMENT ALFRED, SUIT LA CÔTE JUSQU'À UN CERTAIN POINT I, PUIS REJOINT L'ÎLE DES DAUPHINS

POINT I

ÎLE DES DAUPHINS

C

OCÉAN

4 KM

ARBRE D'ALFRED

B✗   I✗   A

TERRE   10 KM

ALFRED NOUS EXPLIQUE

JE DÉPENSE 1,3 FOIS PLUS D'ÉNERGIE PAR KM PARCOURU AU DESSUS DE L'EAU QU'AU DESSUS DE LA TERRE...

POSTE

ET N'IMPORTE QUEL PIGEON IDENTIFIE INSTINCTIVEMENT, LE TRAJET LE PLUS ÉCONOMIQUE EN ÉNERGIE...

PAR CONTRE JE SERAIS CURIEUX DE SAVOIR SI UN HUMAIN PEUT RESOUDRE CE PROBLÈME TROUVER LE POINT I ?

AU TRAVAIL LES AMIS!

Au musée

JE SUIS HYPOLITE SOCIPA LE CONSERVATEUR DU MUSÉE D'ART MODERNE... VOUS ÊTES ?

JE VIENS CHERCHER LE TABLEAU DE MONSIEUR ROGER. ON A PARLÉ AU TÉLÉPHONE !...

AH C'EST VOUS ?... ET BIEN, ALLONS-Y !

L'INCONVÉNIENT DE L'ART CONCEPTUEL C'EST QU'IL PREND BEAUCOUP DE PLACE ....BLA.. BLA...LE VÔTRE FAIT 11,17m !

11,17 !

JE ME DEMANDE SI LE TABLEAU ARRIVERA A PASSER DANS LE COULOIR DE 8m EN LARGEUR QUI TOURNE À ANGLE DROIT, ET SE RÉDUIT A 1m DE LARGEUR.

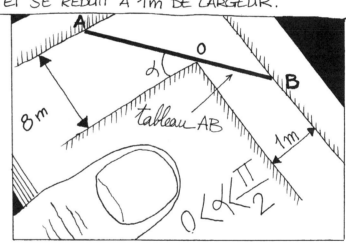

8 m

tableau AB

1m

$0 \leq \alpha \leq \frac{\pi}{2}$

ET SI J'EXPRIMAIS LA LONGUEUR **AB** EN FONCTION DE L'ANGLE α ?...

MMM... EFFECTIVEMENT !... ON OBTIENDRAIT LA FONCTION $f(\alpha)$

EN ÉTUDIANT LES VARIATIONS DE f SUR $[0;\frac{\pi}{2}]$, JE SAURAI SI LE TABLEAU PASSERA !

QUEL CHEF-D'ŒUVRE !

AB

Théorème des accroissements finis

Le retour du Javelot

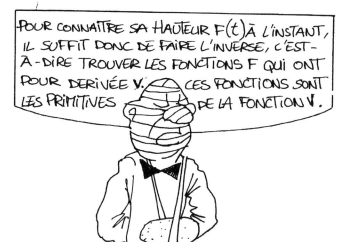

COCKTAIL

ON FAIT MÉMORISER À UNE PERSONNE DES MOTS GRECS, SACHANT QUE SON TAUX DE MÉMORISATION EST EN FONCTION DU TEMPS t : $m'(t) = 0.16t - 0.003t^2$ TROUVEZ LE NOMBRE $m(t)$ DE MOTS MÉMORISÉS EN t MINUTES SACHANT QUE $m(0) = 0$

UNE VOITURE AYANT UNE ACCÉLÉRATION CONSTANTE VA DE 0 À 100 KM/h EN 45 SECONDES QUELLE DISTANCE AURA-T-ELLE PARCOURUE?

LA SURFACE D'UNE BLESSURE SE CICATRISANT DÉCROÎT À UN TAUX $A'(t) = -\dfrac{10}{t^3}$ OÙ t EST EN JOURS ET A EN CM². SI L'AIRE DE LA BLESSURE EST 5 cm² LE 1ER JOUR, QU'EN SERA T-IL AU 10ÈME JOUR ?

UNE SOCIÉTÉ A DÉTERMINÉ QUE LE REVENU MARGINAL PROVENANT DE LA VENTE DE LA x IÈME UNITÉ DE SON PRODUIT EST : $R'(x) = x^2 - 4x$ TROUVER LE REVENU TOTAL POUR UNE VENTE DE 1000 UNITÉS ; $(R(0) = 0)$

47

49

VOUS COMPRENEZ MONSIEUR ARCHIMÈDE C'EST DIFFICILE A CROIRE... EUH... ON VIENT DU FUTUR POUR QUE VOUS NOUS PARLIEZ DE VOTRE MÉTHODE D'ENCADREMENT DE π.

?

OUAIS ! TU MARCHES VERS MOI ET TU ME REGARDES... OUI ! COMME ÇA !

C'EST TRÈS SIMPLE, π PEUT ÊTRE CONSIDÉRÉ SOIT COMME L'AIRE D'UN DISQUE DE RAYON 1, SOIT COMME PÉRIMÈTRE D'UN CERCLE DE RAYON 1/2. CES ENCADREMENTS S'OBTIENNENT EN CONSTRUISANT DANS LES 2 CAS DES SUITES DE POLYGONES INSCRITS ET CIRCONSCRITS AU CERCLE $\mathcal{C}$ CONSIDÉRÉ.

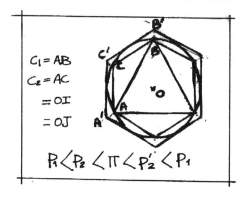

$C_1 = AB$

$C_2 = AC$

$= OI$

$= OJ$

$$P_1 < P_2 < \pi < P'_2 < P'_1$$

ON PEUT PARTIR D'UN TRIANGLE ÉQUILATÉRAL ET LES POLYGONES SUIVANT S'OBTIENNENT EN DOUBLANT A CHAQUE FOIS LE NOMBRE DE CÔTÉS. ON OBTIENT LE POLYGONE CIRCONSCRIT EN TRAÇANT LES TANGENTES À $\mathcal{C}$ PARALLÈLES AUX CÔTÉS DU POLYGONE INSCRIT.

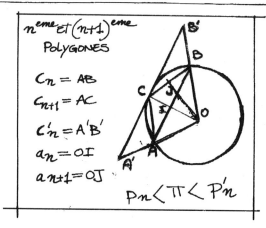

n^{eme} ET $(n+1)^{eme}$ POLYGONES

$C_n = AB$

$C_{n+1} = AC$

$C'_n = A'B'$

$a_n = OI$

$a_{n+1} = OJ$

$$P_n < \pi < P'_n$$

AINSI DANS LE CAS DES AIRES, NOUS OBTENONS DEUX SUITES : (S_n) ET (S'_n).

DANS LE CAS DES PÉRIMÈTRES, LES SUITES : (P_n) ET (P'_n).

TOUTES CES SUITES CONVERGENT VERS π ET SONT TELLES QUE :

$$S_n < \pi < S'_n \quad \text{ET} \quad P_n < \pi < P'_n$$

CETTE MÉTHODE PERMET DE TROUVER DES VALEURS AUSSI PROCHES DE π QUE L'ON DÉSIRE. IL SUFFIT DE CHOISIR n ASSEZ GRAND. J'ARRIVE MOI-MÊME À $3\frac{10}{71} < \pi < 3\frac{1}{7}$ AVEC DES POLYGONES DE 96 CÔTÉS. JE VOUS LAISSE CONTINUER... !

POUR LE n^{eme} POLYGONE POSONS :		
POLYGONE =	INSCRIT	CIRCONSCRIT
CÔTÉ :	$AB = C_n$	$A'B' = C'$
APOTHÈME :	$OI = a_n$	$OC = 1$ ou $\frac{1}{2}$
AIRE :	S_n	S'_n
PÉRIMÈTRE :	P_n	P'_n

CALCUL D'AIRES

CONSIDÉRONS UNE FONCTION f CONTINUE, POSITIVE SUR L'INTERVALLE $I=[a,b]$. SOIT t UN RÉEL DE $[a,b]$ ET $a(t)$ L'AIRE DU DOMAINE LIMITÉ PAR LA COURBE $\mathcal{C}$ DE f, LES DROITES : $x=a \; ; \; x=t$ ET $y=0$

ON CHERCHE A DÉMONTRER QUE LA FONCTION a EST DÉRIVABLE SUR $[a,b]$ DE DÉRIVÉE $a'(t)=f(t)$

SOIT h UN RÉEL NON NUL TEL QUE : $t+h \in [a,b]$ ET ASSEZ PROCHE DE 0 POUR QUE f RESTE MONOTONE SUR : $[t,t+h]$ OU $[t+h,t]$ (SI $h<0$)

EN COMPARANT LES AIRES DES RECTANGLES $ABCD$ ET $A'B'CD$ AVEC $a(t+h)-a(t)$ DÉTERMINER UN ENCADREMENT DE $\dfrac{a(t+h)-a(t)}{h}$ PUIS CONCLUEZ.

QUE SE PASSE-T-IL ? MON PNEU MANQUE D'AIR !

a EST LA PRIMITIVE DE f SUR $[a,b]$ QUI S'ANNULE EN $x=a$. LES AUTRES PRIMITIVES S'ÉCRIVENT $F(x)=a(x)+c$ OÙ c DÉCRIT $\mathbb{R}$. LE RÉEL $F(x)-F(a)$ EST APPELÉ INTÉGRALE DE a À x, DE LA FONCTION f : $\displaystyle\int_a^x f(t)\,dt = F(x)-F(a)$ ET SE LIT : "SOMME DE a À x DE $f(t)\,dt$"

PCHIT PCHIT

CALCULEZ VOUS-MÊME L'AIRE COMPRISE ENTRE LA COURBE $\mathcal{C}$ D'ÉQUATION $y=x^2$, LES DROITES D'ÉQUATIONS $x=0$ ET $x=1$ ET L'AXE DES ABSCISSES ...PARCE QUE MOI, J'AI BESOIN DE PRENDRE L'AIR...

Combien Vaut l'île de Manhattan?

EN 1626 UN NAVIRE DE LA COMPAGNIE HOLLANDAISE DES INDES DE L'OUEST. A SON BORD, UN CERTAIN PETER MINUIT.

IL DÉBARQUE SUR L'ÎLE DE MANHATTAN AVEC DES CADEAUX.

EUH!...MOI...AMI!

DE LA VERROTERIE ET DES VÊTEMENTS QUE LES INDIENS ACCEPTENT D'ÉCHANGER CONTRE LEUR ÎLE.

HOW

LES MARCHANDISES AVAIENT UNE VALEUR TOTAL DE 24 $

AGLU? GAGA LA! ÏGLOU HO HO HO

APRÉS AVOIR CONCLU LE MARCHÉ LE CHEF INDIEN ET SES BRAVES LUI FIRENT UNE SURPRISE.

Le carbone 14

Bonjour je zuis profezeur Schmutz et che fé fous parler de la detzintegration du carbone 14. Elle est de 0,0120547% par an.

Si **N** représente une certaine quantité de ce carbone à l'instant t on obtient :

$$\frac{dN}{dt} = kN(t)$$

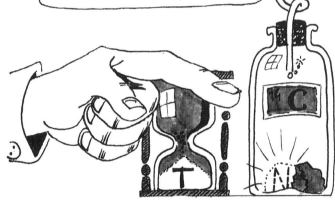

Après un certain temps T, la moitié de la quantité **N** sera désintégrée.

Cette durée T est appelée période du carbone 14

Montrez que $T = \dfrac{-\ln 2}{k}$

et passons au problème suivant !

L'âge des manuscrits

EN 1947 SUR LES BORDS DE LA MER MORTE, UN BÉDOUIN CHERCHE UNE DE SES CHÈVRES.

DANS UNE GROTTE, IL DÉCOUVRE UNE JARRE AVEC DE VIEUX MANUSCRITS

DES ANALYSES SONT FAITES SUR LE TISSU QUI ENVELOPPAIT L'UN DES MANUSCRITS.

LE CARBONE A PERDU 22% DE SON CARBONE 14 ...

SACHANT QUE LE CARBONE 14 A UNE PÉRIODE DE 5750 ANS ✶

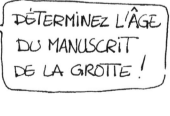

DÉTERMINEZ L'ÂGE DU MANUSCRIT DE LA GROTTE !

✶ VOIR "Le carbone 14"

56

POMPER JUSQU'À QUAND ?

HOUSTON, 1996. M. CHEAP VIENT D'AQUÉRIR UN PUITS DE PÉTROLE...

L'ANCIEN PROPRIÉTAIRE L'A OUVERT EN 1976.

NOUS POMPONS NUIT ET JOUR, A UN TAUX PROPORTIONNEL AU VOLUME DE PÉTROLE RESTANT DANS LE PUITS.

QUELQUES MOIS PLUS TARD...

JE SUIS EN FAILLITE !

ALLEZ PLUTÔT VOIR UN SPECIALISTE !...

EN 1976, IL Y AVAIT 100 MILLIONS DE LITRES DE PÉTROLE DANS VOTRE PUITS, MAIS 10 ANS PLUS TARD IL RESTAIT 2 MILLIONS DE LITRES.

IL N'EST PLUS PROFITABLE DE POMPER QUAND LE TAUX ATTEINT MOINS DE 16 000 LITRES/AN

BÉNAC

DITES MOI, EN QUELLE ANNÉE LE PUITS DE M. CHEAP N'EST-IL PLUS PROFITABLE ?

COMBIEN DE POISSONS DANS LE LAC ?

JE VOUS AI AMENÉ AU CANADA, PAS SEULEMENT POUR LE PAYSAGE MAIS POUR VOUS PRÉSENTER UN PÊCHEUR EXCEPTIONNEL.

LES **450** POISSONS QUE JE PÊCHE SERONT MARQUÉS PUIS RELACHÉS DANS LE LAC.

LE MOIS SUIVANT, JE PÊCHE **750** POISSONS.

SUR LES 750 POISSONS, IL Y EN A **21**, QUI SONT MARQUÉS

POUVEZ-VOUS ME DIRE COMBIEN IL Y A DE POISSONS DANS LE LAC ?

Les taxis

M. GREEDY POSSÈDE 4 TAXIS IDENTIQUES ET 7 GARAGES POUVANT CONTENIR JUSQU'À 60 VOITURES.

I/II

JE ME DEMANDE DE COMBIEN DE FAÇONS JE PEUX RANGER MES TAXIS DANS MES 7 GARAGES.

10 ANS PLUS TARD, MON PATRON SE POSE TOUJOURS LA MÊME QUESTION :

DE COMBIEN DE FAÇONS JE PEUX RANGER MES TAXIS DANS MES GARAGES ?

C'EST FASTOCHE ! ON PEUT CALCULER LE NOMBRE DE FAÇONS DE RANGER LES 4 TAXIS DANS UN SEUL DES 7 GARAGES, PUIS DANS 2 GARAGES, 3 GARAGES, ET ENFIN DANS 4 GARAGES PRIS PARMI LES 7 ENSUITE ON FAIT LA SOMME...

ON LUI A LIVRÉ 46 NOUVEAUX TAXIS DU MÊME MODÈLE, ET IL SE POSE LA MÊME QUESTION.

II/II

Le chevalier de Méré

LA MÉTHODE DE MONTE~CARLO

L'AIGUILLE COUPE UNE LIGNE

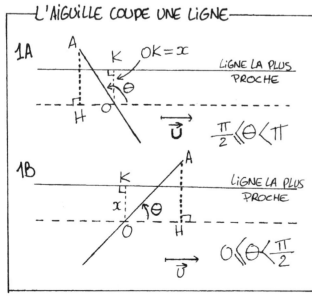

L'AIGUILLE NE COUPE AUCUNE LIGNE

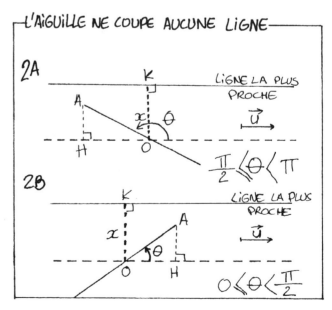

35 ANS, APRÈS LA MORT DE L'ILLUSTRE SAVANT, PIERRE SIMON MARQUIS DE LAPLACE PROPOSE UNE SUITE...

JE N'EN SUIS TOUJOURS PAS REMIS!...

MES AMIS, JE CROIS AVOIR TROUVÉ LÀ, UNE SUITE AU PROBLÈME DU REGRETTÉ COMTE DE BUFFON.

JE DOIS DIRE QUE JE SUIS FIER DE L'AVOIR TROUVÉE 200 ANS AVANT VOUS... BLA... BLA BLA

SYMBOLE DU GÉNIE

A PARTIR DE L'EXPRESSION DE P, TROUVÉE PAR BUFFON, J'EXPRIME π EN FONCTION DE P. PUIS JE LANCE L'AIGUILLE, 500 FOIS EN NOTANT LE NOMBRE N DE FOIS, OÙ L'AIGUILLE COUPE UNE LIGNE. D'OÙ JE DÉDUIS P ET UNE APPROXIMATION DE π

BIEN SÛR, PLUS LE NOMBRE DE LANCERS EST ÉLEVÉ, MEILLEURE EST L'APPROXIMATION

VOULEZ-VOUS ESSAYER ?

NOUS VOICI 200 ANS PLUS TARD !... LA MÉTHODE DÉCOUVERTE PAR LAPLACE DITE MÉTHODE DE MONTE-CARLO EST UTILISÉE DANS DE VASTES DOMAINES ALLANT DES SCIENCES ÉCONOMIQUES À LA PHYSIQUE NUCLÉAIRE.

A NOTRE ÉPOQUE, IL VOUS EST FACILE D'ÉCRIRE DES PROGRAMMES, SUR VOS ORDINATEURS QUI PEUVENT SIMULER 500 LANCERS PAR SECONDE.

ALORS, AU TRAVAIL ! BONNE CHANCE.

64

Chaine de Markov

CETTE PETITE ENTREPRISE DE PARFUM TIENT 15% DU MARCHÉ.

COMPAGNIE DES PARFUMS SENBON

BONJOUR, JE M'APPELLE CHLOË ET JE TRAVAILLE POUR LES PARFUMS **SENBON**

SI QUELQU'UN UTILISE NOTRE PARFUM IL A 70% DE CHANCE D'EN RACHETER N'EST CE PAS PROFESSEUR ?

TOUT A FAIT CHLOË !

D'UN AUTRE CÔTÉ, SI UNE PERSONNE UTILISE UN AUTRE PARFUM, IL Y A **60%** DE CHANCE QU'ELLE L'UTILISE LA PROCHAINE FOIS.

PSSS

DONC A LONG TERME ET SI LES CONDITIONS DU MARCHÉ NE CHANGENT PAS NOUS... PRENDRONS $\frac{2}{3}$ DU MARCHÉ.

POURRIEZ VOUS ME DÉMONTRER L'AFFIRMATION... DE CHLOË ?... SINON, TOURNEZ LA PAGE.

CRAK

Rendez-vous avec Markov

CHLOÉ RENCONTRE UN MATHÉMATICIEN RUSSE FORMÉ À L'ÉCOLE DE St PETERSBOURG SES TRAVAUX SUR LES PROBABILITÉS L'ONT CONDUIT AU CONCEPT DES "CHAÎNES DE MARKOV"

J'ESPÈRE QUE MON CAFÉ PRÉFÉRÉ VOUS PLAIRA MONSIEUR MARKOV ?

CAF

LE CADRE PARAÎT CONVENIR POUR UNE INTERVIEW !...

ASSEYONS NOUS LÀ !

L'ÉTAT INITIAL OU ÉTAT O DU MARCHÉ EST DÉFINI PAR 2 SOUS-ENSEMBLES :
A_0 = {PERSONNES UTILISANT LE PARFUM SENBON}
$\overline{A_0}$ = {PERSONNES UTILISANT UN AUTRE PARFUM}

P
Ensemble des personnes qui se parfument
P

A_0 15% A_0 85%

CHOISISSONS UNE PERSONNE AU HASARD, DANS L'ENSEMBLE P. QUELLE EST LA PROBABILITÉ QUE CELLE-CI UTILISE NOTRE PARFUM ? NOTONS CETTE PROBABILITÉ $U_0 = P(A_0)$

L'ÉTAT SUIVANT DU MARCHÉ (ÉTAT N°1) EST DÉFINI PAR 2 NOUVEAUX SOUS-ENSEMBLES
A_1 = {PERSONNES UTILISANT SENBON}
$\overline{A_1}$ = {PERSONNES UTILISANT UN AUTRE}

QUELLE SERA ALORS LA PROBABILITÉ QU'UNE PERSONNE CHOISIE AU HASARD, UTILISE SENBON ? NOTONS $U_1 = P(A_1)$

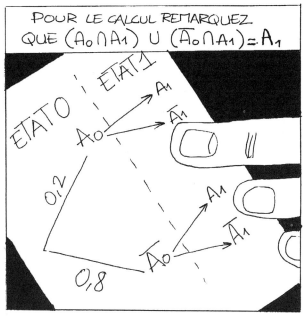

POUR LE CALCUL REMARQUEZ QUE $(A_0 \cap A_1) \cup (\overline{A_0} \cap A_1) = A_1$

ÉTAT 0   ÉTAT 1

A_1
A_0
$\overline{A_1}$

0,2

A_1

$\overline{A_1}$

A_0

0,8

PAR LA SUITE LE MARCHÉ PASSE AUX ÉTATS 2,3,4...n,$n+1$... DÉTERMINONS DE LA MÊME FAÇON $U_{n+1}=P(A_{n+1})$ EN FONCTION DE $U_n=P(A_n)$

OÙ U_1 EST BIEN ENTENDU LA PROBABILITÉ QU'UNE PERSONNE CHOISIE AU HASARD UTILISE LE PARFUM SENBON ! N'EST CE PAS MA CHÈRE CHLOË !....

HA HA

DÉTERMINONS MAINTENANT LA LIMITE DE LA SUITE (U_n) ET CONCLUONS !

UNE DERNIÈRE QUESTION, POUR LE PLAISIR : QUE SE PASSERAIT-IL SI AU DÉPART NOUS N'AVIONS QUE 5 % DU MARCHÉ ?

LES NOMBRES IMAGINAIRES

AUX 16ᵉ SIECLE, AU FOND DE SINISTRES TAVERNES, LES MATHEMATICIENS ITALIENS, MISERABLES JOUEURS, ET TRICHEURS INVÉTÉRÉS SE LIVRAIENT À DES DUELS MATHEMATIQUES.

JOUANT DES SOMMES IMPORTANTES, PARFOIS TOUTES LEURS ÉCONOMIES

$$x^3 - 18x - 35 = 0\ ?$$

L'UN D'EUX : TARTAGLIA DIT LE BÈGUE (IL AVAIT EU LE PALAIS TRANSPERCÉ PAR UN COUP DE SABRE).

MAÎTRE DE L'ALGÈBRE, IL A TROUVÉ LA FORMULE DONNANT UNE SOLUTION À L'ÉQUATION :

$$x^3 = px + q \ (p \geqslant 0, q \geqslant 0)$$

AÏE!

EUREKA!

$$x^3 = px + q$$

C'EST UN SECRET!

CHUT!

LES AFFAIRES DE LE BÈGUE FRUCTIFIAIENT TANT QUE SA FORMULE RESTAIT SECRÈTE.

MAIS LE DESTIN EN VOULU AUTREMENT, ET MIT JEROME CARDAN SUR SON CHEMIN...

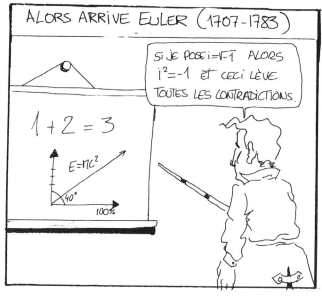

PUIS EN 1811, GAUSS (1777-1855) REPRÉSENTE GÉOMÉTRIQUEMENT LES NOMBRES IMAGINAIRES.

J'IDENTIFIE LES NOMBRES IMAGINAIRES AUX POINTS D'UN PLAN MUNI D'UN REPÈRE ORTHONORMÉ.

OÙ L'AXE DES ABSCISSES REPRÉSENTE L'ENSEMBLE DES RÉELS ET L'AXE DES ORDONNÉS CELUI DES IMAGINAIRES PURS.

PLAN DES NOMBRES IMAGINAIRES OU COMPLEXES

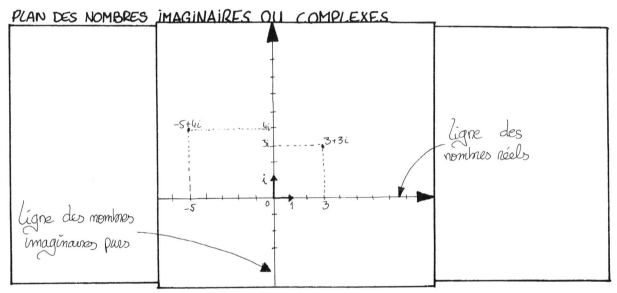

ligne des nombres réels

Ligne des nombres imaginaires purs

ACHEVANT DE RESPECTABILISER LES NOMBRES IMAGINAIRES (ou COMPLEXES) AUJOURD'HUI, UTILISÉS DANS DES BRANCHES SCIENTIFIQUES TELLES QUE L'ÉLECTRONIQUE ET LA PHYSIQUE NUCLÉAIRE.

GRÂCE A L'AUDACE DE PIONNIERS COMME CARDAN ou BOMBELLI QUI SURENT ALLER CONTRE LE CONFORMISME DU PLUS GRAND NOMBRE...

C'EST BEAU LES MATHS !

Bulletin de commande

Nom :

Adresse :

Ville :

Etat (Pays):   Code Postal :

Tel : (   )   Fax : (   )

Pour les professeurs et élèves, indiquez votre qualité :   [   ] Enseignant   [   ] Elève
Nom et adresse de votre établissement :

Pour un envoi à l'exterieur des Etats Unis, envoyer un mandat international (international money order) en dollars
U.S. exclusivement.
Envoyer ce bulletin rempli avec votre chèque ou votre mandat international à l'ordre de MATHEVASION à
l'adresse ci-dessous :

MATHEVASION, P.O. Box 4986, Culver City, California 90230 USA.
Fax : (310) 839 1989

Si au plus tard un mois à partir de sa réception vous décidiez de ne pas garder ce livre, renvoyez le et nous vous
rembourserons par retour du courrier. (Frais d'expédition exclus et sous condition que le livre nous revienne en
bon état).

Quantité (1)	x Prix unitaire (en dollars U.S.)	= Prix Hors Taxe	Californie +Taxe (2) (8.25%)	Frais de Port (3)	=Total
1 Livre	x $15.95	= $15.95	+ $1.32	+...............	=...............
......Livres	x $15.95	=.......	+............	+...............	=...............

(1) : Réductions spéciales pour les commandes de plus de 10 exemplaires. Contactez nous pour plus de détails.
(2) : La taxe de 8.25% est à rajouter pour les commandes adressées en Californie seulement.
(3) : Frais de port pour 1 livre :

Courrier	USA	Canada	Mexique	Europe	Afrique Asie	Polynésie
Régulier (1 livre)	$2.00	$2.00	$2.00			
Avion (1 livre)	1 à 2 livres $3.50	$4	$4.50	$8	$10	$10

Pour chaque livre supplémentaire, rajouter :
USA : Régulier :75 cents ; Priority Mail : 75 cents
Canada : Régulier : $1 ; Avion : $1   Europe : Avion : $3
Mexique : Régulier : $1 ; Avion : $2   Afrique, Asie, Polynésie : Avion : $4.